NOTES

SUR LA

MÉTHODE DE CLASSIFICATION

CRÉÉE PAR BRUCE LOWE

Poulinières

PRÉFACE

Ces notes n'étaient pas destinées à la publicité.

Je les livre à l'impression à la requête de quelques amis. Elles n'avaient d'autre but que de me servir de guide pour le choix des quelques poulinières de mon petit haras.

Il y a quelques années, M. R. Halbronn me mit sous les yeux l'ouvrage de Bruce Lowe, sur lequel il attira mon attention. Cet ouvrage, me dit-il, est basé sur les mères. Le choix des étalons se fait chaque année parmi les dix premiers sujets de chaque génération. Il en résulte pour les mâles une sélection nécessaire basée sur leurs performances. Pour les poulinières, au contraire, c'est bien une autre affaire. On essaye une fois, deux fois, une pouliche. Si elle n'est pas de premier ordre, elle va, à trois ans, grossir le nombre des poulinières au haras. De sorte qu'on peut dire que, dans une même année, pour un mâle de choix il y a, par ailleurs, dix femelles, dans la plupart des cas, livrées aux hasards de la reproduction. De là une confusion toujours croissante, qui demande une étude appuyée sur des bases sérieuses d'expérimentation.

Frappé par ce raisonnement, je me mis au travail. J'attachais un vif intérêt à savoir comment se comportait la méthode de Bruce Lowe appliquée aux grandes courses françaises.

Je livre aux spécialistes le résultat de ces recherches, qui n'ont jamais été faites pour la France, en leur laissant le soin d'y apporter une conclusion.

L. BEDOUT.

Cazaubon, le 15 décembre 1897.

NOTES

SUR LA

MÉTHODE DE CLASSIFICATION

CRÉÉE PAR BRUCE LOWE

Bruce Lowe classe la race de pur sang anglais en 43 familles. Pour cette classification, il se base sur le résultat des trois grandes épreuves anglaises, DERBY, OAKS, ST-LÉGER, depuis la fondation jusqu'à nos jours, d'après le succès des diverses familles dans ces *classic events*.

Cette méthode, vraiment expérimentale, il était curieux de l'appliquer aux grandes courses françaises. En prenant pour base les données de Bruce Lowe pour l'Angleterre, il suffira de les rapprocher des résultats de nos grandes épreuves pour arriver à des constatations intéressantes. Nous nous garderons, dans cette étude, des conclusions trop absolues de l'auteur de la méthode, en dehors de laquelle il prétend qu'on ne peut faire des chevaux vraiment supérieurs. Sans commentaire aucun, nous livrons notre classification française à l'attention des spécialistes.

Nous aussi, avons pris comme terme de rapprochement trois grandes courses classiques, en France : PRIX DE DIANE, DERBY et GRAND PRIX DE PARIS.

Ces trois courses, sans être frappées des motifs d'exclusion des Poules de produits, réunissent, en général, l'élite de chaque génération. De plus, les distances sur lesquelles elles sont courues (2.000, 2,400 et 3.000 mètres) répondent aux distances ordinaires imposées à la production de pur sang. Nous n'avons pas cru devoir faire entrer en ligne le prix du Conseil Municipal, à raison de la date trop récente de sa création.

Dans la deuxième partie de cette courte notice, nous appliquerons la méthode de Bruce Lowe aux gagnants du prix « Gladiateur » (6,200 m.). Cette distance, selon des spécialistes compétents, impose à nos meilleurs chevaux une fatigue de préparation telle que, parmi les plus célèbres, plusieurs y ont laissé toute leur qualité. Sans discuter sur son utilité, à juste titre contestée, nous avons pensé que ce rapprochement ajouterait peut-être, malgré tout, un intérêt à cette note.

PREMIÈRE PARTIE

N° 1

Tregonwell's Natural Barb Mare

Cette famille vraiment remarquable entre toutes, nous dit Bruce Lowe, a fourni en Angleterre 43 GAGNANTS de classic events, dont QUATORZE DERBY, DIX-SEPT OAKS et DOUZE ST-LÉGER, parmi lesquels il souligne *Partisan*, *Melbourne*, *Bay Middleton*, *Glencoe*, *Whalebone* et *Whisker*. *Minting* et son père *Lord Lyon*, *Silvio*, *Craig Millar* et *Trumpator* descendent de cette lignée. (Pour plus de détails, voir l'ouvrage de Bruce Lowe, page 16.)

Nous allons reproduire la liste des vainqueurs de nos trois grandes épreuves, dans la disposition adoptée pour l'**Angleterre**, par cet éminent publiciste :

1842	Flower	D.
1846	Meudon	D.
1850	St-Germain	D.
1853	Jouvence	D.
1853	Jouvence	d.
1854	Honesty	d.
1866	Victorieuse	d.
1874	Trent	G.P.
1876	Kilt	D.
1876	Mondaine	d.
1878	Brie	d.
1880	Robert the Devi	G.P.
1881	Albion	D.
1885	Paradox	G.P.
1886	Minting	G.P.
1889	Vasistas	G.P.
1894	Brisk	d.
1897	Doge	G.P.
1897	Roxelane	d.

En France, cette famille, depuis la fondation des trois grandes épreuves (Derby 1836, prix de Diane 1843, Grand Prix

N. B — d : prix de Diane. — D : Derby. — G. P. : Grand Prix.

1863), a fourni 19 GAGNANTS : SEPT PRIX DE DIANE, SIX DERBY et SIX GRAND PRIX.

Nous observons de plus que, parmi les grandes poulinières nées en France ou importées, figurent, dans cette famille, les noms suivants que nous donnons sans ordre chronologique : *Comtesse* (1855), mère de *Mortemer*; *Liouba*, mère de *Le Mandarin* et de *Le Bosphore*; *Payment*, mère de *Dollar*; *Magdalene*, mère de *The Bard*; *Bigamy*, mère de *Boissière* et de *Beaujolais*; *The Abbess*, mère d'*Archiduc* et d'*Albion*; *Carmélite*, mère de *Saint-Pair-du-Mont* et de *Castelnau*; *La Fromentinière*, mère de *Fricandeau*; *Sauterelle*, mère de *Saint-Honorat*; *Silverhair*, mère de *Silvio*; *Duchesse Anne*, mère de *Dauphine* et de *Domfront*; *War Paint*, mère de *War Dance*; *Balarnock*, mère de *Tanderagee*; *Rose of York*, mère de *Roxelane*; *Aïda*, mère de *Clairon*; *Versailles*, mère de *Montreuil*; *Veranda*, mère de *Vasistas*, etc.

Nous faisons observer que cette famille est surtout remarquable, tant en Angleterre qu'en France, par les grandes poulinières qu'elle a produites et dont nous avons énuméré les principales.

N° 2

Burton's Barb Mare

Les gagnants en **Angleterre**, descendant de cette famille, sont au nombre de 45 dans les épreuves classiques : NEUF DERBY, DIX-SEPT OAKS et DIX-NEUF ST-LÉGER. Les plus remarquables sont : *Whiskey*, *Blacklock*, *Sir Hercules*, *Selim*, *Castrel*, *Voltigeur*, *Harkaway*, *Surplice*, *St-Albans*, *Lord Clifden*, *Ithuriel*, etc., etc.

En **France**, nous relevons les noms suivants :

1837 Lydia.................	D.	1872 Cremorne............	G.P
1848 Sérénade.............	d.	1873 Campêche............	d.
1858 Etoile du Nord........	d.	1877 La Jonchère..........	d.
1861 Gabrielle d'Estrées....	D.	1877 Jongleur..............	D.
1863 La Toucques..........	D.	1878 Thurio...............	G.P.
1863 La Toucques..........	d.	1879 Nubienne............	G.P.
1863 The Ranger...........	G.P.	1879 Nubienne............	d.
1864 Bois Roussel..........	D.	1886 Sycomore............	D.
1865 Deliane..............	d.	1896 Arreau..............	G.P.
1867 Patricien.............	D.	1896 Champaubert.........	D.

Ce tableau nous donne en France 20 GAGNANTS : HUIT DERBY, SEPT PRIX DE DIANE et CINQ GRAND PRIX.

Descendent de cette famille : *Tantrip*, mère de *Champaubert; Venise*, mère de *Bucentaure; Nice*, mère de *Nubienne; Ambassadrice*, mère de *Belle Dame: Asta*, mère d'*Arreau: Aurore*, mère d'*Achille: Bravade*, mère d'*Almanza: Tapestry*, mère de *La Toucques: Mascotte*, mère de *Chesterfield: Mimosa*, mère de *Sycomore: Deliane*, — mère d'*Enguerrande*, *La Jonchère*, *Saintrailles*, — grand'mère d'*Ermengarde* (mère d'*Ermenonville*). — de *La Jonchère*, mère de *La Haye; Yerande*, mère de *Melchior; Flower of Dorset*, mère de *Friar's Balsam: Maskery*, mère de *Masqué: Flurry*, mère de *Bay Archer* et de *Buchanan: Antonia*, mère de *Gabrielle d'Estrées* et de *Trocadéro; La Souveraine*, mère de *Fils de Roi; Dame Blanche*, mère de *Daphnis; Cambuse*, mère de *Cambyse; Papillotte*, mère de *Patricien; Cantonnade*, mère de *Campêche; Agar*, mère de *Bois Roussel*, etc., etc.

Cette énumération est sans ordre chronologique, comme dans la suite.

N° 3

Dame of Two True Blues

Cette famille, fait observer Bruce Lowe, à la différence des deux précédentes qu'il classe dans la famille de mères, est remarquable par la double qualité des poulinières et des étalons qui en descendent. Elle a produit 42 GAGNANTS EN **Angleterre,** dont QUINZE DERBY, QUATORZE OAKS et TREIZE ST-LÉGER. Nous remarquons qu'elle a produit : *Sir Peter Teazle, Buzzard, Tramp, Master Henry, Vélocipede, The Saddler, Lanercost, Flatcatcher, Pyrrhus I, Van Tromp, The Flyng Dutchman, Stockwell*, etc.

Elle nous a donné en **France :**

1859	Black Prince	D.	1888	Stuart	G.P.
1862	Stradella	d.	1888	Stuart	D.
1864	Vermout	G.P.	1889	Clover	D.
1865	Gontran	D.	1890	Fitz Roya	G.P.
1880	Versigny	d.	1891	Clamart	G.P.
1882	Bruce	G.P.	1892	Chêne Royal	D.
1883	Verte Bonne	d.	1895	Kasbah	d.
1885	Reluisant	D.	1896	Liane	d.
1885	Barberine	d.	1897	Palmiste	D.

La famille 3 donne donc 18 GAGNANTS : SEPT DERBY, SIX PRIX DE DIANE et CINQ GRAND PRIX.

Nous retrouvons dans cette famille : *Kleptomania*, mère de *Reluisant; Olga*, mère de *Remember; Japonica*, mère de *Puchero* et *Bacioli; Riante*, mère de *Rodogune, Ramleh* et *Riposte; L'Etoile*, mère de *Liane; Alerte*, mère de *Algarade; La Reyna*, mère de *Reyezuelo, Campéador* et *Majestad; Iphigénie*, mère d'*Incitatus; Hurricane*, mère d'*Atlantic; Katia*, mère de *Kasbah; Princess Catherine*, mère de *Clover, Clamart* et *Commandeur;*

Baretta, mère de *Barberine*; *Statira*, mère d'*Epicharis*; *Araucaria*, mère de *Wellingtonia*, *Chamant* et *Rayon d'Or*; *Vermeille*, mère de *Vermout*, *Vertugadin*, *Verdure* et *Verte Allure*, elle-même mère de *Verte Bonne*; *Extra*, mère d'*Excuse*; *Stockhausen*, mère de *Stockholm* et *Stuart*; *Perplexité*, mère de *Fitz Roya*, *Chêne Royal*, *Tournesol* et *Palmiste*; *Carine*, mère de *Bruce*; *Golconde*, mère de *Gontran*; *Glee*, mère de *Border Minstrel*, etc., etc.

La branche collatérale de Brown Bess, qui a donné en Angleterre *General Peel*, *Musket*, *Memoir* et *La Flèche*, n'a pas de représentants marquants parmi les poulinières françaises.

N° 4

The Layton Barb Mare

Cette famille a fourni 29 GAGNANTS à l'Angleterre : SEPT DERBY, ONZE OAKS et ONZE ST-LÉGER. Bruce Lowe la classe, ainsi que les trois premières, comme particulièrement intéressante au point de vue des mères.

En **Angleterre**, elle a produit entre autres : *Apology*, *Common*, *Iroquois*, *Lord of the Isles*, *St Marguerite*, *Sir Harry*, *Thormanby*, *Wenlock*, etc., etc.

En **France**, elle donne peu de représentants à notre classification :

1876	Kisber	G.P.	1891	Primrose .... d.

Toutefois, nous lui devons quelques bons chevaux tels que : *Dauphine*, mère de *San Stefano*; *Australie*, mère d'*Alger*; *La Papillonne*, mère de *Pourtant et Primrose*; *Fleur de Mai*, mère de *Frida*; *Miss Cecil*, mère de *Médium*; *Henriette II*, mère d'*Héro*; *Giboulée*, mère de *Guise*; *Gem of Gems*, mère d'*Escarboucle* (mère de Fra Angelico), *Le Sancy* et *Le Mazarin*.

Cette famille est à peine, en dehors de ces exceptions, représentée en France, où ce courant de sang n'a que très peu de rejetons chez les poulinières, alors que, au contraire, il offre, en Angleterre, par le grand nombre de mères qui en descendent, des chances de succès beaucoup plus grands. C'est ce qui explique certainement le rang que cette famille occupera dans notre classification.

N° 5

Daughter of Massy's Black Barb

Cette lignée, qui fut celle d'où sortit « *Gladiateur* » a donné aux Anglais 25 GAGNANTS : NEUF DERBY, NEUF OAKS et SEPT ST-LÉGER. L'**Angleterre** lui doit *Hermit, Marie Stuart, Doncaster*, etc.

En **France,** 9 GAGNANTS : TROIS DERBY, QUATRE OAKS et DEUX GRAND PRIX.

1840	Tontine..	D.	1868	Jenny	d.
1858	Ventre Saint-Gris.....	D.	1869	Glaneur	G.P.
1861	Finlande..............	d.	1882	Saint James.	D.
1864	Fille de l'Air...... ...	d.	1882	Mlle de Senlis	d.
1865	Gladiateur...........	G.P.			

On retrouve dans cette famille : *Miss Gladiator*, mère de *Gladiateur; Madeira*, mère d'*Alicante; Inconnue*, mère d'*Insal; Finlande,* mère de *Ferragus, Saint Cyr* et *Fontainebleau; Brienne*, mère de *Polygone; Chopine*, mère de *Champignol; Miss Catherine*, mère de *Moulinois; Souveraine*, mère de *Shéridan; Orange et Bleue*, mère d'*Ortie Blanche; Courtoisie*, mère de *Courtois; La Maladetta*, mère de *Vignemale; Satania*, mère de *Satan; Orpheline*, mère de *Fra Diavolo; Caroler*, mère de *Dora; Apparition*, mère de *Saint-James*, etc., etc.

Cette famille semble allier la vitesse et le fond. Nous verrons qu'elle tient la tête dans notre classification spéciale au prix Gladiateur (6.200 mètres).

N° 6

Old Bald Peg

« *Diomed* », un des membres de cette famille, gagna le 1er Derby anglais couru en 1780. Elle a fourni 18 GAGNANTS classiques Outre-Manche : ONZE DERBY, CINQ OAKS et DEUX ST-LÉGER.

Musjid fut, en **Angleterre**, le dernier gagnant du Derby de cette famille en 1859, dit Bruce Lowe, oubliant *Caractacus* (1862).

En France, elle a donne :

1839	Romulus...............	D.	1850	Fleur de Marie........	d.
1844	Lanterne.............	D.	1870	Bigarreau.............	D.
1844	Lanterne.............	d.	1880	Beauminet............	D.
1849	Vergogne.............	d.	1889	Crinière..............	d.

Cette famille n'a pas fourni de gagnant du Grand Prix ; mais nous lui devons 8 GAGNANTS, soit : QUATRE DERBY et QUATRE PRIX DE DIANE.

Schooner, mère de *Dauphin*; *Rigodon*, mère de *Rânes*; *Beauty*, mère de *Beauminet*; *Constance*, mère de *Le Sarrazin*; *La Favorite*, mère de *Flageolet* et de *Léon*, etc., etc.

Cette famille est beaucoup moins nombreuse que les précédentes. Nous verrons, du reste, à mesure que nous avancerons dans ce travail, que les représentants de chaque famille sont en plus petit nombre, eu égard à l'ensemble de la production.

N° 7

Black-Legged Royal Mare

En **Angleterre,** 16 gagnants lui doivent le jour : DIX DERBY, DEUX OAKS et QUATRE ST-LÉGER. C'est la famille de *West Australian, Wild Dayrell, Donovan*, etc., etc.

En **France,** elle donne :

1867 Fervacques	G.P.	1888 Solange	d.
1874 Saltarelle	D.		

Soit 3 GAGNANTS : UN GRAND PRIX, UN DERBY et UN PRIX DE DIANE.

Dans la descendance nous trouvons : *Hollandaise*, mère de *Solange* ; *Malibran*, mère de *The Minstrel, Montlhéry* et *Madcap, Madcaja* ; *Totote*, mère de *Toujours* ; *Skotzka*, mère de *Médicis* ; *Verreine*, mère de *Portugal* ; *Belle Henriette*, mère de *Brunehilde* ; *Slapdash*, mère de *Fervacques, Saltarelle, Saxifrage* et *Salteador*, etc., etc.

N° 8

Bustler Mare (Dam of Byerly Turk M.)

Cette famille, avec le n° 3, est classée par Bruce Lowe, parmi celle des étalons. Elle a produit, en **Angleterre,** 14 GAGNANTS : TROIS DERBY, TROIS OAKS, HUIT ST-LÉGER parmi lesquels *Ayrshire, Melton, Newminster*, etc., etc.

En **France,** elle donne :

1855 Ronzi	d.	1884 Frégate	d.
1857 Potocki	D.	1886 Presta	d.
1872 Révigny	D.	1887 Monarque	D
1874 Destinée	d.		

Soit QUATRE GAGNANTS PRIX DE DIANE et TROIS DERBY.

Nous lui devons : *Ella*, mère de *Saint Ferjeux* et *Calcéolaire*; *Alabama*, mère de *Hamewood*; *Légitime*, mère de *Lutin*; *Clotho* mère de *Clio*, *Cléodore* et *Clôture*; *La Cloche*, mère de *Carmaux*; *Destinée*, mère de *Monarque* (1884); *Little Sister*, mère de *Krakatoa*, *Fousi Yama* et *Pietra Mala*; *Canotière*, mère de *Frégate* (mère de *Fontenoy*); *Pensacola*, mère d'*America*; *Perla*, mère de *Perlina* et *Cromatella*; *Pristina*, mère de *Presta*; *Woman in Red*, mère de *Révigny*, *Mars*, *Verdun* et *Montargis*; *Old Maid*, mère de *Stracchino*, etc., etc.

N° 9

The Old Vintner Mare

En **Angleterre,** 14 GAGNANTS; CINQ DERBY, TROIS OAKS et SIX ST-LÉGER, avec des chevaux tels que : *Mercury*, *Dick Andrews*, *Peter*, *Bendigo*, etc., etc.

En **France,** nous lui devons :

1838 Vendredi	D.	1846 Dorade	d.
1843 Nativa	d.	1847 Morok	D.
1845 Fitz Emilius	D.		

Au total, 5 GAGNANTS, TROIS DERBY, DEUX PRIX DE DIANE.

Nous lui devons : *La Bique*, mère de *Brocart*; *Migration*, mère de *Pythagoras*; *Distant Shore*, mère de *Gulliver* et de *St-Damien*.

N° 10

Dr. Of Gower Stallion (Dam of Childers' Mare)

En **Angleterre,** 11 GAGNANTS : CINQ DERBY, TROIS OAKS et TROIS ST LÉGER, parmi lesquels nous remarquons *Blair Athol*, *Blink Bonny*, *Petrarch*, *Sir Bevys*, etc., etc.

En **France,** cette famille n'a donné aucun gagnant des trois courses classiques. Nous lui devons toutefois : *Lady Langden*, mère de *Hampton* ; *Thrift*, mère de *Tristan* et d'*Avoir* ; *Blink Bonny*, mère de *Blair Athol* ; *Laura*, mère de *Petrarch* ; *Signorita*, mère de *Magister* ; *Quickthought*, mère de *Quélus* ; *Ella*, mère d'*Escogriffe* et d'*Extra*, etc., etc.

Cette famille a peu de représentants parmi les poulinières françaises.

N° 11

The Sedbury Royal Mare

C'est la famille du grand étalon anglais **St-Simon.**

En **Angleterre,** Bruce Lowe porte 9 GAGNANTS : QUATRE DERBY, DEUX OAKS et TROIS ST LÉGER ; il n'y en a que 7. Il oublie que *John Bull* et *Bellina* sont de la famille 13. Nous remarquons *Faugh a Ballagh*, *Kingcraft*, etc., etc.

En **France,** 2 GAGNANTS : UN DERBY et UN PRIX DE DIANE.

1852 Porthos	D.		1875 Tyrolienne	d.

Comme descendants de la famille, notons : *Saint-Angela*, mère de *Saint-Simon* ; *Virgule*, mère de *Vigilant* ; *Tartane*, mère de *Tantale* ; *Vigogne*, mère de *Viennois* ; *Woodcraft*, mère de

Kingcraft; Anaconda, mère d'*Arioviste; Chérie,* mère de *Cherbourg* et *Czernowitz; Osberga,* mère d'*Olmutz; Gentille Dame,* mère de *Galantin; Nérina,* mère de *Néro* et *Nigaud; Merry May,* mère de *May Pole* et *Mansour; Miss Mabel,* mère de *Trayles; Grenade,* mère de *Gournay; Sylvia,* mère de *Autriche; Aceline,* mère d'*Amandier* et de *Diableret; Khabara,* mère de *Kairouan; Simonne,* mère de *Styx* et *Lavande,* etc , etc.

N° 12

Royal Mare (Dam of Brimmer Mare)

En **Angleterre,** 9 GAGNANTS : UN DERBY, SIX OAKS et DEUX ST-LÉGER.

De là viennent : *Conductor, Voltaire, Weatherbit, Oxford, Sterling, Scottish Chief, Prince Charlie, Restitution, Adventurer, Kingston, Springfield,* etc., etc.

En **France :**

1836 Franck	D.	1868 The Earl	G.P.
1866 Ceylon	G.P.	1867 Bavarde	d.

Total, 4 GAGNANTS : DEUX GRAND PRIX, UN DERBY et UN PRIX DE DIANE.

Parmi les rejetons, notons : *Eastern Princess,* mère de *Prince Charlie; Clairvoyante,* mère de *Claret et Clairvoyant; Flamme,* mère de *Flèche; Bavarde,* mère de *Bombon; Dayspring,* mère de *Diavolo; Duchess of Edinburgh,* mère de *Doucette; The Frisky Matron,* mère de *Chalet; Lolle,* mère de *Monsieur Gabriel* et *Loudun; Grace,* mère de *Gamin; Duchess of Albany,* mère de *Bandmaster; Albania,* mère de *Le Hardy,* etc., etc.

N° 13

Royal Mare

(Dam of Mare by Darcy's White Turk)

En **Angleterre,** 10 GAGNANTS : CINQ DERBY, TROIS OAKS et DEUX ST-LÉGER, parmi lesquels : *Orlando, Beadsman, Galliard, Mendicant, Shotover*, etc., etc.

En **France,** elle donne :

1857 Mlle de Chantilly......	d.		1875 Salvator..............	D.
1866 Florentin............	D.		1884 Little Duck............	D.
1875 Salvator............	G.P.		1884 Little Duck...........	G.P.

Au total, 6 GAGNANTS : TROIS DERBY, DEUX GRAND PRIX et UN PRIX DE DIANE.

Dans la descendance, nous trouvons *Sauvagine*, mère de *Salvator* et *Salvanos*; *Belle of Bury*, mère de *Belinda*; *Rosati*, mère de *Ruy Blas*; *Rosita*, mère de *Rosée* (mère de *Roitelet*); *Reine de Saba*, mère de *Satory* et *Richelieu*; *Light Drum*, mère de *Little Duck* et *Lapin*; *Fair Lyonese*, mère de *Saint-Léon*, *Farceuse* (mère de *Fareway* et d'*Effendi II*) et *Floride*; *Isménie*, mère de *Phlegeton*; *North Wiltshire*, mère de *Le Justicier*, etc.

N° 14

The Oldfield Mare

En **Angleterre,** 6 GAGNANTS : UN DERBY, DEUX OAKS et TROIS ST-LÉGER, parmi lesquels il importe de souligner : *Touchstone*, *Macaroni*, etc., etc.

Dans cette famille, nous retrouvons encore : *Buccaneer*, *Saraband*, *Carnival*, *Saccharometer*, etc., etc.

En **France,** aucun gagnant des trois épreuves classiques. Notons toutefois : *Honeymoon,* mère de *L'Hérault; Sublime,* mère de *Salambo; Ultima,* mère d'*Uzer,* etc., etc.

Cette famille, très importante en Angleterre, n'a que fort peu de filles aux haras français.

N° 15

Royal Mare (Dam of Old Whynot)

En **Angleterre,** 9 VAINQUEURS : TROIS DERBY, CINQ ST-LÉGER et UN OAK. Nous y trouvons *Attila, Eager, Harvester,* etc., etc.

La qualité déclinante de cette production explique son extinction.

En **France :**

1881 Foxhall............ G.P.

C'est le seul représentant de ce courant de sang que nous retrouvions dans les trois épreuves.

A noter : *Tolla,* mère de *Général; Leap Year,* mère de *Béatrix (Le Sancy); Ortolan,* mère de *Rome* (mère d'*Acoli* et *Chartreuse*), *Sansonnet, Vanneau* et *Widgeon; Sugar Plum,* mère de *Surrilliers,* etc., etc.

La branche de **Large Hartley Mare,** appartenant à la même famille, qui a eu un certain nombre de bons représentants en Angleterre, n'a, à notre connaissance, aucune fille aux haras en France.

N° 16.

Sister to Stripling by Hutton's Spot

C'est la famille du célèbre **Ormonde.** Elle a fourni 5 GAGNANTS en **Angleterre :** DEUX DERBY, DEUX OAKS et UN ST-LÉGER.

St-Gatien, gagnant DU DERBY DE 1884, est le dernier rejeton de cette ligne qui figure aux courses classiques.

En **France :**

1872 Little Agnès	d.		1895 Andrée	G.P.

Ce sont les seuls représentants de la famille dans nos grandes épreuves.

Elle nous a donné : *Gipsy*, mère de *Gil Perès* et *Gil Blas ; Indian Summer*, mère de *Boitelet II* et *Indian Chief ; Araignée*, mère d'*Andrée ; Diana*, mère de *Diarbek ; Navette*, mère de *Naviculaire*, etc., etc.

N° 17

Byerly Turk Mare (Dam of Mare by Carlisle Turk)

En **Angleterre,** 5 GAGNANTS : DEUX OAKS et TROIS ST-LÉGER. Son représentant le plus fashionable est *Pantaloon*.

En **France,** cette famille a des représentants de marque :

1879 Zut	D.		1892 Annita	d.
1892 Rueil	G.P.			

Cette famille nous a valu : *Charmille*, mère de *Louis d'Or*, *Carolla* et *Banderolla ; Aunt Philis*, mère d'*Alerte ; Dacia*, mère de *Zouave*; *Noélie*, mère de *Don Carlos* et *Eole*; *Rêveuse*, mère de *Révérend* et *Rueil*; *Jessie*, mère de *Jonciole* et *La Jeunesse*; *Aïda*, mère de *Addy*; *Citronelle*, mère de *Callistrate* et *Courlis*; *Regine*, mère de *Tilly*; *Lina*, mère de *Annita* et *Launay*; *Régalia*, mère de *Verneuil*, *Clémentine*, *Zut* et *Rallye Chamant*, etc., etc.

Cette famille a joué un grand rôle en France.

N° 18

Dr. of Old Woodcock (Dam of Dr. of Old. Spot)

En **Angleterre,** 7 GAGNANTS : TROIS DERBY, TROIS OAKS et UN ST LÉGER, parmi lesquels *Wary*, etc. Bruce Lowe donne ici *Sir Thomas* qui est de la famille 38.

En **France :**

1849 Expérience........ D.

Printanière, mère de *Poulet*, *Bocage* et *Feuillage*; *La Noue*, mère de *La Foudre* (mère de *Le Pompon*), *Le Chesnay* et *Lagrange*; *Formalité*, mère de *Fragola* et *Aunt Minie*, sont, à peu près, les seules juments marquantes en France qui remontent à cette origine maternelle.

N° 19

Dr. of Davill's Old Woodcock

En **Angleterre,** 4 GAGNANTS : UN DERBY, TROIS ST-LÉGER. Cette famille n'a pas produit de gagnants pour les Oaks.

En **France,** au contraire, c'est une famille qui se place aux premiers rangs par sa production tout à fait remarquable et à laquelle nous devons dans le pur sang anglais, une espèce vraiment française. Elle donne :

1841	Poëtess.............	D.	1867	Jeune Première.......	d.
1851	Hervine..............	d.	1877	St-Christophe.........	G.P.
1852	Bounty...............	d.	1881	Serpolette II..........	d.
1854	Célébrity............	D.	1886	Upas..................	D.
1855	Monarque............	D.	1887	Ténébreuse...........	G.P.
1856	Dame d'Honneur.....	d.	1891	Ermak................	D.

12 GAGNANTS : CINQ DERBY, CINQ PRIX DE DIANE et DEUX GRAND PRIX.

Nous devons considérer dans cette étude de statistique que cette famille vient, en France, au premier rang après les familles 1, 2 et 3. Cette remarque est très importante, parce que, dans la récapitulation générale, nous observerons, qu'à part cette exception, la classification de Bruce Lowe est à peu près la même en France et en Angleterre.

C'est à la fameuse poulinière **Contessina** que nous devons, en France, les célèbres rejetons provenant de cette famille, qui compte parmi les plus illustres sur le turf français ; car, c'est de cette souche que viennent *Poëtess,* mère de notre grand *Monarque* (1852) : *Hervine,* fille elle-même de *Poëtess* et demi-sœur de *Monarque.* Ses filles ont constitué la race, célèbre entre toutes, des haras de Victot et de La Chapelle. *Mon Etoile,* la plus célèbre, a donné le jour à *La Dorette,* mère de *Poëtess* (1875), qui a produit la célèbre *Plaisanterie,* qui, après une carrière de courses sans précédents, a donné le jour à *Childwick* et *Raconteur. Favorite,* une autre fille de *Poëtess* (1838), a produit *Peut-Etre. New Star,* autre fille de *Poëtess* (1838), est la mère de *Ténébreuse. Minerve,* la quatrième fille de *Poëtess,* a donné *Serpolette.* Enfin, *Haydée,* sa dernière fille, est mère de *Toute Petite,* elle-même mère de *Toinon.*

A côté de cette brillante production, nous retrouvons les noms, non moins célèbres en France, d'*Isoline,* mère de

St-Christophe et grand-mère d'*Isonomy*; *Energetic*, mère d'*Ermak*; de *Qui Vive*, mère de *King Lud*; de *Quick March*, mère de *Retreat*; de *The Garry*, mère de *St-Gall*.

C'est encore à cette famille que le haras de *Viroflay* doit une partie de ses meilleures poulinières : *Partlet*, mère de *Jeune Première*, mère de *Mademoiselle Clairon*; *Posterity*, mère de *Prométhée*; *Perçante*, mère de *Soukaras* et de *Princesse de Bagdad*, et *Patriarche*, fils de *Dollar*.

N'oublions pas que *Rosemary*, mère d'*Upas*, vient aussi de cette souche.

N° 20

Dr. of Gascoigne's Foreign Horse

En **Angleterre,** 4 GAGNANTS : DEUX OAKS et DEUX ST-LÉGER.
En **France :**

1890 Heaume............ D.

La Dauphine, mère de *Le Capricorne*, *La Licorne* et de *Le Sagittaire*; *Bella*, mère de *Heaume*; *La Morlaye*, mère de *Le Butard*, sont les seules poulinières dignes de remarques qui se rattachent à cette famille en France.

N° 21

The Moonah Barb Mare of Queen Anne

En **Angleterre,** c'est la famille de l'excellent *Sweetmeat*. Elle a produit QUATRE GAGNANTS : TROIS OAKS, UN ST-LÉGER.

En **France :**

1894 Dolma Baghtché... G.P.

A côté de ce cheval, qui s'annonce comme un bon reproducteur, nous remarquerons le cheval de handicap *Malgache*, seul représentant en France de cette famille, peu nombreuse du reste en Angleterre.

N° 22

Belgrade Turk Mare (Dam of Bay Bolton Mare)

En **Angleterre,** c'est la famille Gladiator, 3 GAGNANTS : DEUX DERBY et UN OAK, parmi lesquels *St-Blaise et Merry Hampton*.

En **France :**

1848 Gambetti	D.	1878 Insulaire	D.
1851 Amalfi	D.	1895 Omnium II	D.

Descendent de cette famille : *Bluette*, mère d'*Omnium II*; *La Farandole*, mère de *Farfadet*; *Kate*, mère de *Kerym*; *Folle Avoine*, mère de *Fripon* et *Fèverolle*; *Green Sleeves*, mère d'*Insulaire*, etc., etc.

N° 23

Piping Peg (Dam of the Hobby Mare)

En **Angleterre,** 6 GAGNANTS : UN DERBY, QUATRE OAKS et UN ST-LÉGER, parmi lesquels *Octavius* et *Ossian*. Entre autres, nous notons, *Solon*, *Barcaldine*, *Hagioscope*, *Pepper and Salt*, *Limasol* (1897), etc., etc.

En **France :**

1893 Praline .... d.

Parmi les descendants, nous avons : *Lowland Chief*; *Bario-*

lette, mère de *Bariolet; Sister to Toastmaster*, mère de *Galette; Pâquerette*, mère de *Praline*.

N° 24

Helmsley Turk Mare (Dam of Rockwood Mare)

En **Angleterre,** 1 SEUL GAGNANT DE ST-LÉGER, *The Baron*. Sortent de cette famille : *Old Sterling, Pumpkin, Gohanna, Camerino, Chippendale*, etc., etc.

En **France :**

1847 Wirthschaft........	d.	1870 Sornette...........	G.P.
1860 Surprise.............	d.	1870 Sornette............	d.
1860 Beauvais.............	D.	1883 Frontin..............	G.P.
1862 Souvenir............	D.	1883 Frontin.............	D.

8 GAGNANTS : TROIS DERBY, TROIS PRIX DE DIANE et DEUX GRAND PRIX. Descendent de cette famille : *La Noce*, mère de *Le Nord; Surprise*, mère de *Sornette; Frolicsome*, mère de *Frontin; Voltige*, mère de *Welfare*, etc.

N° 25

A Brimmer Mare (Dam of old Scarborough Mare)

En **Angleterre,** 3 GAGNANTS : DEUX DERBY, UN OAK : *Sefton, Zine* et *Azor*.

Bruce Lowe donne à tort *Zine* comme gagnant des Oaks ; il a gagné le *Derby* de 1823. *Bourbon* n'a pas gagné le *St-Léger* ; mais *Azor* le *Derby* de 1817, oublié encore.

En **France :**

1843 Ronce................	D.	1894 Gospodar..........	D.
1845 Suavita..............	d.		

3 GAGNANTS : DEUX DERBY et UN PRIX DE DIANE. Viennent de là la fameuse poulinière, *Gladia*, mère de *Gouverneur*, *Georgina*, *Gouvernante* et *Gouvernail*. Notons aussi : *Generrage*, sœur de *Gospodar*; *Eusebia*, mère d'*Espion*; *Juliana*, mère de *Jupin*.

N° 26

Dr. of Merlin (Dam of Mare by Darley Arabian)

En **Angleterre,** QUATRE GAGNANTS : UN DERBY, DEUX OAKS et UN ST-LÉGER. Bruce Lowe oublie *Tetotum* (1780).

En **France :**

1869	Péripétie...........	D.

Un seul gagnant, mais il est à remarquer que ce gagnant est la mère de *Perplexe*, le célèbre étalon de *Martinvast*. A noter *Sainte-Cecilia*, mère de *Saint-Michel*.

N° 27

A Spanker Mare (Dam of a Byerly Turk Mare)

En **Angleterre,** 2 GAGNANTS : UN DERBY, UN ST-LÉGER; *Pero Gomez*, fils de la fameuse poulinière *Salamanca*, et *Phosphorus*.

En **France :**

1868	Suzerain..............	D.	1893	Ragotsky............	G.P.
1882	Dandin...............	D.	1893	Ragotsky...........	D.

4 GAGNANTS : TROIS DERBY, UN GRAND PRIX. Nous devons ici une mention spéciale à la célèbre poulinière *Cherry Duchess*, mère du regretté étalon *Energy*, d'*Enthusiast* et de *Duchess of Hampton*, elle-même mère de *Holyrood*. Notons aussi *Mélia*, mère de *Maugiron* et de *Mels*.

N° 28

Dr. of Place's White Turk (Dam of Coppin Mare)

En **Angleterre,** 2 GAGNANTS : UN DERBY et UN OAK ; *Emilius* et *Wings*.

En **France,** cette famille n'a pas produit de gagnant dans les trois grandes épreuves : mais il importe de signaler qu'elle a donné naissance à *Scozzone*, mère de *Barbillon*, et à *Boutade*, mère de *Bérenger*.

N° 29

A Natural Barb Mare (Dam of a Bassett Arabian Mare)

En **Angleterre,** 3 GAGNANTS : UN OAK et DEUX ST-LÉGER ; *Landscape*, *Ashton* et *Rowton*.

En **France,** cette famille est peu répandue et n'a guère donné comme cheval marquant que *Faublas*.

N° 30

Dr. of Duc de Chartres' Hawker

En **Angleterre,** 2 GAGNANTS : DEUX DERBY ; *Archduke* et *Paris*.

En **France,** à notre connaissance, ce courant de sang est si peu répandu que nous ne pouvons citer aucun cheval marquant.

N° 31

Dick Burton's Mare (Souvent dénommée A Barb Mare)

En **Angleterre,** un seul gagnant : UN ST-LÉGER, *Ruler* (1780).

En **France :**

1856 Lion	D.		1873 Boïard	D.
1873 Boïard	G.P.			

3 GAGNANTS : DEUX DERBY et UN GRAND PRIX. A signaler : *Laurentia*, mère de *La Montagne*, et de *Laura*, elle-même mère de *Laurier* et de *Laure*; *Bossette*, une fille de *La Bossue*, mère de *Boulangère*; le grand cheval *Boïard*, fils de *La Bossue*, etc., etc.

N° 32

Barb Mare (Dam of Dodsworth)

En **Angleterre,** UN GAGNANT : UN OAK, *Niké* (1797).

En **France,** cette famille, si elle n'a pas donné de gagnants de grandes épreuves, a fourni le grand étalon *Fitz Gladiator* dont descendent les meilleures poulinières du Midi. De là viennent *Mignonnette*, mère de *Merlin*, et *Marianette*, mère de *Mirabeau*.

N° 33

Sister to Honeycomb Punch

En **Angleterre,** un seul gagnant de Derby, *Sergeant* (1784).

En **France,** cette famille ne laisse pas de trace, si jamais elle fut importée.

N° 34

Hautboy Mare

En **Angleterre,** DEUX ST-LÉGER : *Antonio* (1816) et *Birmingham* (1827).

En **France,** pas de trace de ce courant de sang.

N° 35

Bustler Mare

En **Angleterre,** pas de gagnant.

En **France :**

1869 Consul.............. D.

La mère de *Consul*, *Lady Lift*, a produit avec *Monarque*, *Mazarin* (1865).

N° 36

Dr. of Curwin's Bay Barb

En **Angleterre :** *Economist* est le seul cheval remarquable de ce courant de sang.

En **France :** Il n'a pas laissé de trace.

N° 37

Sister to old Merlin

En **Angleterre :** *Dr. Syntax* et *Little Red Rover* sont les seuls descendants à noter dans cette famille qui s'éteint graduellement.

En **France :** Pas de trace.

N° 38

Thwaits' Dun Mare

Bruce Lowe fait observer que la couleur de la mère de cette famille fait présumer qu'elle n'était pas de pur sang : mais il oublie *Sir Thomas*, gagnant du Derby (1788), qu'il classe à tort dans la famille 18.

En **France :** On ne connaît pas de descendant.

N° 39

Mare by a Persian Stallion

En **Angleterre :** Cette famille n'a rien produit depuis un siècle. Elle donna autrefois *Bonny Black* (1715) qui fut le meilleur cheval de son temps.

En **France :**

1890 Wandora............ d.

Cette splendide jument amenée au haras dans les meilleures conditions n'a pas encore donné de produit qui ait paru sur le turf.

N° 40

A Royal Mare

Boston est le seul cheval qui concerne ce sang en Amérique.

En **France :** Rien.

N° 41

Grasshopper Mare

En **Angleterre :** Pas de gagnant. *Bagot* et *Portrait* méritent seuls d'être signalés.

En **France :** Rien.

N° 42.

Spanker Mare

Oiseau, *Cestus* et *Theodobald* viennent de ce sang en **Angleterre.**

En **France :** *Drumond*, mérite seul d'être signalé.

N° 43

A Natural Barb Mare

En **Angleterre :** *Balfe* et *Underhand* sont à peu près seuls à citer.

En **France :**

1859 Géologie............ d.

Nous citerons ensuite : *Etoile Filante*, mère d'*Astrée*, mère elle-même de *Firmament* et d'*Aérolithe*.

N° 44

Bustler Mare

Bruce Lowe s'arrête à la famille (43). Nous arriverons avec Herman Goos jusqu'au n° 50, parce que quelques bons chevaux doivent leur mère à ces six familles.

En **Angleterre,** à noter : *Don Juan* (1814), *Wid's End* (1843), *Joe Miller* (1849).

En **France :** *La Dheune*, la fameuse poulinière de *Louray*, mère de *Le Destrier*, vient de là.

N° 45

Y. Cade Mare

En **Angleterre :** *Barcarolle* (1835) et *Old Calabar* (1859) sont seuls à noter,

En **France :** Rien.

N° 46

Babraham Mare

A noter, en **Angleterre :** *Godolphin*, fils de *Partisan* (1818).

N° 47

Spectator Mare

En **Angleterre :** *Comesta* (1857) et *La Stella* (1863) sont seules à noter.

N° 48

Shield's Galloway Mare

En **Angleterre :** *Tartar* (1743).

N° 49

Whitenose Mare

Bambola (1877) et *Chiselhampton* sont seuls à retenir en Angleterre.

N° 50

Miss Euston

A noter *Cléopatra* (1830) et *Bryan O'Linn* pour l'Angleterre.

RÉCAPITULATION

Sans entrer dans les développements qui accompagnent la classification de Bruce Lowe et qui sont connus, nous nous bornerons dans ce travail de statistique à classer d'après le nombre de leur succès, en **France**, dans les *trois courses classiques*, les différentes familles décrites ci-dessus :

CLASSIFICATION FRANÇAISE.	DERBY (1836)	PRIX DE DIANE (1843)	GRAND PRIX (1863)	TOTAL
N° 1 Famille 2 (*Burton's Barb Mare*)	8	7	5	20
2 — 1 (*Tregonwell's Natural Barb Mare*)	6	7	6	19
3 — 3 (*Dam of two True Blues*)	7	6	5	18
4 — 19 (*Darill's old Woodcock*)	5	5	2	12
5 — 5 (*Daughter of Massy's Black Barb*)	3	4	2	9
6 — 6 (*Old Bald Peg*)	4	4	0	8
7 — 24 (*Helmsley Turk Mare*)	3	3	2	8
8 — 8 (*Bustler Mare*)	3	4	0	7
9 — 13 (*Royal Mare*)	3	1	2	6
10 — 9 (*The old Vintner Mare*)	3	2	0	5
11 — 12 (*Royal Mare*)	1	1	2	4
12 — 22 (*Belgrade Turk Mare*)	4	0	0	4
13 — 27 (*A Spanker Mare*)	3	0	1	4
14 — 7 (*Blak Legged Royal Mare*)	1	1	1	3
15 — 17 (*Byerly Turk Mare*)	1	1	1	3
16 — 25 (*A Brinner Mare*)	2	1	0	3
17 — 31 (*Dick Burton's Mare*)	2	0	1	3
18 — 4 (*The Layton Barb Mare*)	0	1	1	2
19 — 11 (*The Sedbury Royal Mare*)	1	1	0	2
20 — 16 (*Sister To Stripling By Hutton's Spot*)	0	1	1	2

Les familles 15, 18, 20, 21, 23, 26, 35, 39 et 43 ont gagné une fois chacune les grandes épreuves.

Les familles 10, 14, 28, 29, 30, 32, 33, 34, 36, 37, 38, 40, 41, 42, 44, 45, 46, 47, 48, 49 et 50 n'y ont jamais figuré.

De cette statistique, il résulte bien, en prenant pour base les trois épreuves classiques, qu'en France, comme en Angleterre, les familles **(1), (2)** et **(3)** tiennent de beaucoup la tête de la production du cheval de grande classe.

La famille (19) qui vient se placer immédiatement après n'a pas donné, en Angleterre, les mêmes résultats.

Les familles (5) et (6) se suivent avec un point de différence, bien que le total à leur actif soit moindre de plus de moitié de celui de chacune des trois premières qui dominent de beaucoup le reste de la race, puisque, en prenant le total des épreuves depuis la fondation, les familles (1), (2) et (3) gagnent à elles seules plus du tiers des prix courus.

Cette constatation avait son importance avant d'aller plus loin.

Remarquons en passant le rang auquel est reléguée en France la famille (4) qui n'a que deux épreuves à son actif, *un Grand Prix* et *un Prix de Diane*, et qui se place au n° 18 de notre statistique.

Cette famille, nous objectera-t-on, tout comme celles qui pourraient ne pas conserver le rang en France que Bruce Lowe leur assigne en Angleterre, peut n'être pas représentée par une assez nombreuse lignée et, par suite, ne pas figurer avec des chances égales.

Nous n'avons pas ici à discuter, mais à nous borner purement et simplement à des constatations. Répondre à cette objection ou à toutes autres ne saurait rentrer dans le cadre de ces notes exclusivement consacrées à mettre sous les yeux des spécialistes des faits qu'ils auront plus tard à discuter ou expliquer, sans que nous ayons l'intention d'y prendre part.

Le n° 7 de notre statistique se réfère à la famille (24) de Bruce Lowe, plus favorisée encore en France qu'en Angleterre à l'encontre de la famille (7) qui n'arrive chez nous qu'avec le n° 14.

La famille (8) conserve en France son n° 8 qu'elle a en Angleterre.

Vient après la famille (13) avec un point de moins.

La famille (9) vient après. Les familles (12), (22) et (27) ont gagné le même nombre d'épreuves (*quatre*) et avancent, au moins les deux dernières, sur le rang qui leur est assigné en Angleterre.

Les familles (7), (17), (25) et (31) viennent après dans l'ordre avec chacune trois gagnants.

Enfin, les familles (4), (11) et (16) avec deux gagnants seulement devancent d'un point les familles (15), (18), (20), (21), (23), (26), (35), (39) et (43) qui ne figurent qu'une fois.

Nous ne parlerons pas des familles énumérées au bas du tableau statistique ci-dessus qui n'ont jamais figuré.

DEUXIÈME PARTIE

Quelques notes sur le prix *Gladiateur* (6.200 mètres) nous ont paru intéressantes, au point de vue de la classification de Bruce Lowe, dans son application à cette course.

N° 1

Famille 5 (*Daughter of Massy's Black Barb*) gagne HUIT FOIS :

1866 Gladiateur	1880 Courtois
1872 Dutch Skater	1881 Pourquoi
1875 Figaro	1883 Mlle de Senlis
1876 Nougat	1885 Lavaret

Cette famille, dans les courses classiques (*Derby, prix de Diane, Grand Prix*), arrive avec le numéro 5.

N° 2

Famille 17 (*Dick Burton's Mare*) gagne QUATRE FOIS :

1864 Noëlie	1878 Verneuil
1871 Don Carlos	1879 Clémentine

Cette famille arrive avec le n° 15 dans la classification précédente.

N° 3

Famille 19 (*Darvill's Old Woodcock*) gagne QUATRE FOIS :

1862 Mon Étoile — 1888 Ténébreuse
1887 Upas — 1889 Ténébreuse

Cette famille arrive avec le n° 4 dans la classification précédente. Elle semblerait, plus qu'aucune autre, avec la famille (5), réunir la vitesse et le fond.

N° 4

Famille 4 (*The Layton Barb Mare*) gagne TROIS FOIS :

1886 Escarboucle — 1897 Elf
1892 Primrose

Dans la classification précédente, elle occupe le n° 18.

N° 5

Famille 1 (*Natural Barb Mare*) gagne DEUX FOIS.

1865 Ninon de Lenclos — 1877 Mondaine

Cette famille dans la classification précédente arrive avec le n° 2.

N° 6

Famille 2 (*Burton's Barb Mare*) gagne DEUX FOIS.

1868 Auguste — 1869 Trocadéro

Son rang dans la classification précédente, tient le n° 1.

N° 7

Famille 10 (*Dr. of Gower stallion*) gagne DEUX FOIS :

1893 Aquarium 1894 Aquarium

Remarquons que la famille 10 ne donne aucun gagnant dans la classification précédente.

N° 8

Famille 24 (*Helmsley Turk Mare*) gagne DEUX FOIS :

1861 Surprise 1863 Souvenir

Classée avec le n° 7 précédemment, cette famille peut encore prétendre à la vitesse et au fond.

N° 9

Famille 3 (*Dam of two True Blues*) gagne UNE FOIS :

1867 Vertugadin

N° 10

Famille 8 (*Bustler Mare*) gagne UNE FOIS :

1890 Carmaux

N° 11

Famille 13 (*Royal Mare*) gagne UNE FOIS :

1884 Satory

N° 12

Famille 20 (*Dr. of Gascoigne's Foreign Horse*) gagne UNE FOIS :

1895 La Licorne

N° 13

Famille 22 (*Belgrade Turk Mare*) gagne UNE FOIS :

1896 Omnium II

N° 14

Famille 23 (*Piping Peg*) gagne UNE FOIS :

1882 Bariolet

N° 15

Famille 26 (*Dr. of Merlin*) gagne UNE FOIS :

1874 Christiana

N° 16

Famille 28 (*Dr. of Place's White Turk*) gagne UNE FOIS :

1873 Barbillon

N° 17

Famille 32 (*Barb Mare*) gagne UNE FOIS :

1891 Mirabeau

Les autres familles ne sont pas représentées dans cette épreuve.

RÉCAPITULATION (prix Gladiateur)

N°			(1864)
N° 1	*Famille*	5 (*Daughter of Massy's Black Barb*).......	8
2	—	17 (*Byerly Turk Mare*).......................	4
	—	19 (*Darill's old Woodcock*)..................	4
3	—	4 (*The Layton Barb Mare*)....................	3
4	—	1 (*Natural Barb Mare*).......................	2
	—	2 (*Burton's Barb Mare*)......................	2
	—	10 (*Dr. of Gower Stallion*)..................	2
	—	24 (*Helmsley Turk Mare*).....................	2
5	—	3 (*Dam of two True Blues*)...................	1
	—	8 (*Bustler Mare*)............................	1
	—	11 (*Royal Mare*).............................	1
	—	20 (*Dr. of Gascoigne's Foreign Horse*).......	1
	—	22 (*Belgrade Turk Mare*).....................	1
	—	23 (*Piping Peg*).............................	1
	—	26 (*Dr. of Merlin*)..........................	1
	—	28 (*Dr. of Place's White Turk*)..............	1
	—	32 (*Barbe Mare*).............................	1
		TOTAL..................	36

TROISIEME PARTIE

Observations générales

Tels sont les résultats obtenus par le rapprochement de la classification de *Bruce Lowe* avec les épreuves françaises.

On peut dire que, tout en mettant, en France comme en Angleterre, hors pair les familles (1), (2), (3), qu'elles ne s'éloignent pas sensiblement, à deux ou trois exceptions près [Familles (19), (24), (22), (27)], de la classification de Bruce Lowe.

En conséquence, nous avons pensé que ces notes pourraient être d'une très grande utilité en présence des résultats acquis, en particulier aux éleveurs, comme guide d'achat de poulinières et de croisement avec les étalons. Il en résultera peut-être, dans ce sens, des indications utiles dans une matière qui est restée jusqu'à l'heure livrée aux hasards de la conformation générale de l'animal ou de prédilections inexpliquées.

Remarquons que tout ce qui précède est exclusivement basé *sur les mères* qui ont certainement dans la production du pur sang une influence prépondérante. Nous constatons, du reste, que cette opinion tend à se généraliser, puisque, si nous avons vu les étalons se payer des prix extraordinaires, nous avons aussi, cette année, eu la satisfaction de voir la grande pouliche *La Flèche* atteindre, dans une vente publique anglaise, un chiffre inconnu jusqu'à ce jour pour les poulinières.

La bonne poulinière produit bien avec presque tous les étalons. Peut-on dire par contre que les meilleurs étalons produisent bien avec n'importe quelle poulinière?

Tableau de comparaison.

FAMILLES	ANGLETERRE				FRANCE			
	DERBY (1780)	OAKS (1779)	St-LÉGER (1778)	TOTAL	DERBY (1836)	PRIX DE DIANE (1843)	GRAND PRIX (1863)	TOTAL
1	14	17	12	43	6	7	6	19
2	9	17	19	45	8	7	5	20
3	15	14	13	42	7	6	5	18
4	7	11	11	29	»	1	1	2
5	9	9	7	25	3	4	2	9
6	11	5	2	18	4	4	»	8
7	10	2	4	16	1	1	1	3
8	3	3	8	14	3	4	»	7
9	5	3	6	14	3	2	»	5
10	5	3	3	11	»	»	»	»
11	3	1	3	7	1	1	»	2
12	1	6	2	9	1	1	2	4
13	5	3	2	10	3	1	2	6
14	1	2	3	6	»	»	»	»
15	3	1	5	9	»	»	1	1
16	2	2	1	5	»	1	1	2
17	»	2	3	5	1	1	1	3
18	3	3	1	7	1	»	»	1
19	1	»	3	4	5	5	2	12
20	»	2	2	4	1	»	»	1
21	»	3	1	4	»	»	1	1
22	2	1	»	3	4	»	»	4
23	1	4	1	6	»	1	»	1
24	»	»	1	1	3	3	2	8
25	2	1	»	3	2	1	»	3
26	1	2	1	4	»	1	»	1
27	1	»	1	2	3	»	1	4
28	1	1	»	2	»	»	»	»
29	»	1	2	3	»	»	»	»
30	2	»	»	2	»	»	»	»
31	»	»	1	1	2	»	1	3
32	»	1	»	1	»	»	»	»
33	1	»	»	1	»	»	»	»
34	»	»	2	2	»	»	»	»
35	»	»	»	»	1	»	»	1
36	»	»	»	»	»	»	»	»
37	»	»	»	»	»	»	»	»
38	1	»	»	1	»	»	»	»
39	»	»	»	»	»	1	»	1
40	»	»	»	»	»	»	»	»
41	»	»	»	»	»	»	»	»
42	»	»	»	»	»	»	»	»
43	»	»	»	»	»	1	»	1
44 à 50	»	»	»	»	»	»	»	»
TOTAUX....	119	120	120	359	63	54	34	151

N. B. Ce tableau, tant pour l'Angleterre que pour la France, comprend toutes les courses courues jusqu'en 1897 inclusivement.

Tableau de récapitulation.

Comprenant : Derby, prix de Diane, Grand Prix, prix Hocquart, Poules d'Essai, poulains et pouliches, Grande Poule des Produits et prix du Cadran, depuis leur fondation en France.

FAMILLES	DERBY (1836)	PRIX DE DIANE (1843)	GRAND PRIX (1863)	PRIX HOCQUART (1861)	POULES D'ESSAI Poulains et Pouliches (1840)	GRANDE POULE des Produits (1855)	PRIX DU CADRAN (1838)	TOTAL
1	6	7	6	4	6	4	10	43
2	8	7	5	3	9	5	8	45
3	7	6	5	2	9	5	5	39
4	»	1	1	2	3	»	1	8
5	3	4	2	4	4	6	4	27
6	4	4	1	2	1	2	5	19
7	1	1	»	1	»	1	2	6
8	3	4	»	1	2	1	4	15
9	3	2	»	»	2	1	3	11
10	»	»	»	2	»	»	»	2
11	1	1	2	2	3	1	1	11
12	1	1	2	»	2	»	1	7
13	3	1	»	1	2	1	1	9
14	»	»	1	»	»	»	»	1
15	»	»	1	1	2	»	2	6
16	»	1	1	»	3	1	»	6
17	1	1	»	»	5	2	1	10
18	1	»	2	»	1	»	»	4
19	5	5	»	3	7	3	4	27
20	1	»	1	»	1	1	»	4
21	»	»	»	»	»	»	»	»
22	4	»	»	2	1	1	1	9
23	»	1	2	»	1	1	1	6
24	3	3	»	»	1	2	»	9
25	2	1	»	1	»	3	»	7
26	»	1	1	»	»	»	»	2
27	3	»	»	1	»	1	»	5
28	»	»	»	»	1	»	1	2
29	»	»	»	1	»	»	»	1
30	»	»	»	»	»	»	»	»
31	2	»	1	1	»	»	1	5
32	»	»	»	»	»	»	1	1
33	»	»	»	»	»	»	»	»
34	»	»	»	»	»	»	»	»
35	1	»	»	»	1	»	»	2
36	»	»	»	»	»	»	»	»
37	»	»	»	»	»	»	»	»
38	»	»	»	»	»	»	»	»
39	»	1	»	»	1	»	»	2
40	»	»	»	»	»	»	»	»
41	»	»	»	»	»	»	»	»
42	»	»	»	»	»	»	»	»
43	»	1	»	2	1	»	1	5
44	»	»	»	»	1	»	»	1
45 à 50	»	»	»	»	»	»	»	»
TOTAUX.....	63	54	34	36	70	42	38	357

N. B. — Ce tableau comprend toutes les épreuves depuis leur création jusques et y compris la production qui a pris 3 *ans au 1er janvier* 1897.

Ce dernier tableau statistique, il est bon de le remarquer, beaucoup plus étendu en ce qu'il s'applique à toutes les principales épreuves, ne change pas le résultat. Les familles (1), (2), (3) et (19) tiennent toujours la tête; la famille (4), en France, n'améliore pas son rang. Les autres familles, par ailleurs, conservent, à peu de chose près, leur classement d'après le *Derby*, le *Prix de Diane* et le *Grand Prix*.

En résumé, quelles que soient les conclusions que l'on adopte, la classification nous fournit des renseignements intéressants que l'on peut utiliser pour les croisements. De cette étude pourra peut-être sortir une méthode nouvelle qui, par l'application d'« in breedings » bien raisonnés, affinera la race à venir, lui donnant ainsi des qualités plus grandes de vitesse tout en lui conservant ses qualités confirmées de tenue.

Cazaubon, le 1er décembre 1897.

L. Bedout.

TABLE DES MATIÈRES

Paris et Limoges. — Imprimerie militaire Henri CHARLES-LAVAUZELLE.

www.ingramcontent.com/pod-product-compliance
Lightning Source LLC
LaVergne TN
LVHW050456160826
845677LV00003B/802

* 9 7 8 2 3 2 9 6 7 1 1 1 6 *